天上掉下鍋八寶粥

牟艾莉 / 著

天空塔工作室　敬文萱 / 繪

中 華 教 育

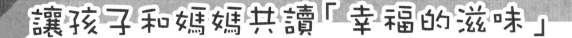

讓孩子和媽媽共讀「幸福的滋味」

「開飯囉！」每天清晨，這句話就像一個溫馨的鬧鐘一樣，讓我和家人迅速聚集到餐桌前。我想這也是很多家庭清晨的一幕吧。其實，在我成為母親之前，我並沒有真正關心過食物。那時的我忙着教學工作和科研事務，是一個不折不扣的「效率派」、「實幹家」。別說烹飪了，我甚至常常忙到連早飯都顧不上吃。

一切的改變發生在我懷孕之時。從那一刻開始，飲食突然成為我生活中每天要關心的事情。我再也不能飢一頓飽一頓，再也不能隨意用垃圾食品填充肚子，我開始認真對待每一餐飲食。也就是從那一刻起，我不得不「慢」了下來，我像發現一個神奇新世界一樣，看見了曾被我忽略的中國美食中那麼多有趣有料的地方。

我寫了六種食物：春餅、柿餅、八寶粥、月餅、糍粑和揚州炒飯。為甚麼會選擇這六種食物呢？

首先，當然因為它們好吃呀！這六種食物囊括了甜鹹酥糯等豐富的口味，你是不是在唸出這些食物名字的時候，就已經快要流口水了？

其次，這些食物來自東西南北，中國的地大物博真的可以濃縮在一道道菜餚之中，舌尖上的中國是精微又宏大的。

最後，也是最重要的，我想借由這些食物去給孩子們講述那些瑰麗的幻想，動情的故事和人生的哲理。《天上掉下鍋八寶粥》教孩子合作互信，《幸福的柿餅》讓孩子學會耐心等待，《月餅少俠》讓孩子變得勇敢，學會堅持，《小偷春餅店》讓孩子懂得勤勞踏實的重要，《打糍粑的大將軍》教孩子如何激發自己的潛能，《變變變！揚州炒飯》讓孩子知道每個人都是不同的。我們要知道，孩子們或許年齡太小，還不能成為廚房裹的廚師，可是他們想像力巨大，他們是天生的故事世界裹的「廚師」呀。媽媽廚師烹飪好吃的食物給孩子，而孩子廚師「烹飪」好聽的故事給媽媽，這是多麼驚喜又浪漫的事呀。

如果您的孩子是一個「小吃貨」，那麼請鼓勵他對美食的熱愛，讓他不僅愛吃，也愛編織美食的故事吧。

如果您的孩子是一個「挑食的小傢伙」，那麼用這套繪本去消除他對食物的偏心吧。

如果您的孩子是一個愛吃美食又愛編故事的小傢伙，那麼，他一定是一個充滿幸福感的孩子。

我希望這套關於中國味道的小書能夠讓孩子和媽媽品嚐到幸福的滋味。小小的美食和小小的繪本，裹頭有大大的世界呢，趕快打開它們吧！

作者 牟艾莉
戲劇文學博士、四川美術學院副教授

山上流下一條河，把田地分成了東和西。河東是東村，種了大米、黃豆、核桃和花生。河西是西村，種了糯米、赤豆、桂圓和紅棗。兩個村的村民互不往來。

冬天來了，漫天飛雪。

「好冷啊！我們熬一鍋熱呼呼的粥吧！」東村的村長對村民說。

於是，村民把大米、黃豆、核桃和花生都放進鍋裏。

大人囑咐兩個孩子小八和阿寶看守着鍋，就去拾柴火了。可是不一會兒，小八和阿寶就覺得無聊了。
「嘰嘰喳喳！」這時，空中有兩隻鳥兒飛過。小八看着鳥兒，眼珠滴溜溜一轉，立刻有了一個好主意！

「我們來打鳥吧！」小八說。
「好呀，我們就用鍋裏的豆
當子彈吧！」阿寶興奮極了。

7

一顆顆「糧食子彈」追着鳥兒，從東村射到了西村。

看見東村的糧食從天上掉下來，西村的孩子也拿出彈弓，把西村的糧食——糯米、赤豆、桂圓和紅棗射了過去。天上的「糧食子彈」像下雨似的，劈哩啪啦掉進了鍋裏。

11

到了晚上，東村的大人撿拾柴火回來了。因為天色已晚，大人沒有發現鍋裏已經摻入了許多西村種的糧食。大家架起柴火，升起篝火，細火慢熬，熬了整整一個晚上。

第二天早上，一股清甜的粥香在村子裏彌漫開來。

村民都交口稱讚：「哇！太香了！」

可是村長一看，卻大呼不好：「這粥裏怎麼有糯米、赤豆、桂圓和紅棗？」

大家紛紛湊過來一看：「糟糕！這可都是西村種的糧食呀！」

村長氣得直搖頭說：「哎！好好的一鍋粥全毀了。粥裏混入了西村種的糧食就不能吃啦！」

村長便吩咐兩個孩子小八和阿寶，去把這鍋粥倒掉。

小八和阿寶抬着鍋走到河邊。早上沒吃東西，還幹這力氣活，他們的肚子早已咕咕直叫了。

「我好餓呀！」小八說。

「我們把這鍋粥吃了吧。」阿寶已經迫不及待了。

粥的甜香在空氣中彌漫，引來白鴉和野兔，與兩個孩子一起吃起粥來。

第三天早上，小八和阿寶看守大鍋，趁大人不在，又跟西村的孩子玩起了「彈弓射豆子」的遊戲。

兩個孩子比昨天玩得更歡樂了，天上飛來飛去的「糧食子彈」也比昨天更多了。

夜晚來臨前，小八和阿寶拾起從西村飛來的糯米、赤豆、桂圓和紅棗，裝進布袋裏。

沒過多久，東村的大人撿拾柴火回來了。大家架好柴火升起篝火。村長舉着火把，看了又看，確定鍋裏沒有西村的糧食才開始熬粥。

熬呀熬，熬呀熬，趁大人睡着，兩個孩子偷偷把白天撿的西村糧食通通倒進了鍋裏。

第四天早上，村長往鍋裏一看，
氣得直跺腳：「好好的一鍋粥全毀了。
粥裏混入了西村的糧食就不能吃啦！」

村長只好又吩咐小八和阿寶去把粥倒掉。
兩個孩子抬着鍋走到河邊，嗷嗚嗷嗚大口吃起粥來。

第五天早上，小八和阿寶又爬上大樹，開始和西村的孩子玩彈弓遊戲。不過這回，村長早已躲在大鍋的後面，想要一探究竟。

村長看着兩個孩子把東村種的糧食劈哩啪啦射了過去，又看見西村種的糧食從河對岸飛來，劈哩啪啦落進了煮粥的大鍋裏。

村長氣得哇哇大叫。小八和阿寶嚇得從樹上跌了下來。彈弓也被村長沒收了。

　　之後，村長把西村種的糧食一一挑揀出來。從清晨一直揀到正午。此時村長已經大汗淋漓，飢腸轆轆了，而小八和阿寶正在香噴噴地吃着粥。

　　「這是哪裏來的粥呀？」村長嚥了下口水，問道。

　　小八說：「就是昨天那鍋粥呀。」

　　村長說：「那鍋粥裏混入了西村種的糧食，吃下去會中毒呀。」

　　阿寶說：「可是我們已經吃了兩次了，並沒有死呀。」

　　小八說：「這粥好吃得不得了。您也嚐嚐吧！」

村長接過碗，抿了一小口，
驚歎道：「太好吃了！」接着一口
接一口，大口吃起來，直到把整
碗粥都吃完了。

　　第六天早上，一鍋只有東村糧食的粥終於
熬好了。村長招呼大家來分粥。

　　小八和阿寶吃了一口粥，撇了撇嘴說：
「這粥不好吃。」

　　村長也吃了一口粥，他歎了口氣，甚麼也
沒說。

第七天早上，村長帶領村民在河上架起了木橋。

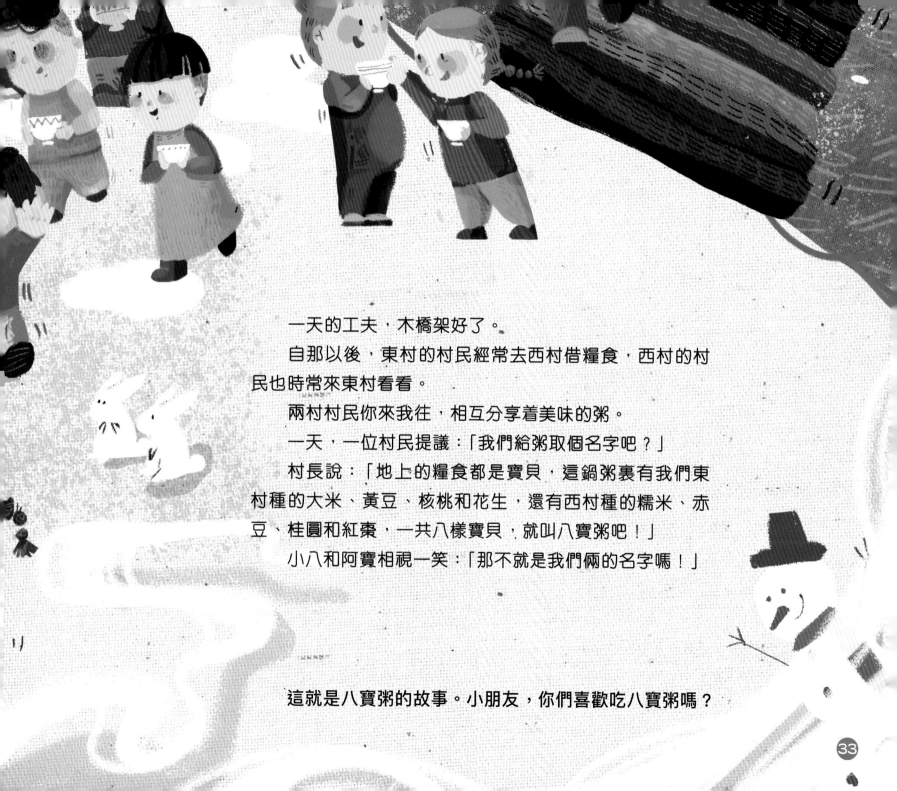

一天的工夫，木橋架好了。

自那以後，東村的村民經常去西村借糧食，西村的村民也時常來東村看看。

兩村村民你來我往，相互分享着美味的粥。

一天，一位村民提議：「我們給粥取個名字吧？」

村長說：「地上的糧食都是寶貝，這鍋粥裏有我們東村種的大米、黃豆、核桃和花生，還有西村種的糯米、赤豆、桂圓和紅棗，一共八樣寶貝，就叫八寶粥吧！」

小八和阿寶相視一笑：「那不就是我們倆的名字嗎！」

這就是八寶粥的故事。小朋友，你們喜歡吃八寶粥嗎？

八寶粥的小知識

　　八寶粥的做法非常簡單，各家各戶只要花上一點時間，就能熬出一大鍋來。這種粥營養豐富、色澤鮮豔、味道甜糯，很多人認為是養生佳品，既適合孩子，又適合老人。

　　由於各地的物產、飲食習慣以及個人的喜好不同，八寶粥的組成也不太一樣。大多數八寶粥裏面都有大米（或糯米）、紅棗、桂圓、蓮子，也有一些添加了核桃、百合、薏米、腰豆等。

因為這種粥可以根據各家的情況任意增減食材，所以特別受歡迎。例如，孩子腸胃不太好，容易脹氣，可以在粥裏放入山楂和陳皮。

責任編輯　余雲嬌
裝幀設計　龐雅美
排　　版　龐雅美
印　　務　劉漢舉

這就是中國味道系列 5

天上掉下鍋八寶粥

牟艾莉 / 著

天空塔工作室　敬文萱 / 繪

出版 ｜ 中華教育

香港北角英皇道 499 號北角工業大廈 1 樓 B 室

電話：(852) 2137 2338　　傳真：(852) 2713 8202

電子郵件：info@chunghwabook.com.hk

網址：https://www.chunghwabook.com.hk

發行 ｜ 香港聯合書刊物流有限公司

香港新界荃灣德士古道 220-248 號荃灣工業中心 16 樓

電話：(852) 2150 2100　　傳真：(852) 2407 3062

電子郵件：info@suplogistics.com.hk

印刷 ｜ 高科技印刷集團有限公司

香港葵涌和宜合道 109 號長榮工業大廈 6 樓

版次 ｜ 2022 年 8 月第 1 版第 1 次印刷

©2022 中華教育

規格 ｜ 16 開 (210mm x 255mm)

ISBN ｜ 978-988-8808-35-9